老 / 年 / 大 / 学 / 系 / 列 / 教 / 材

品味空间
阳台种植好帮手

为老年人量身定制的学习教程

池玉敏 编著

U0298371

扫描二维码
即可观看课程讲解视频

山东城市出版传媒集团·济南出版社

图书在版编目（CIP）数据

品味空间：阳台种植好帮手/池玉敏编著.—济南：
济南出版社，2020.5

ISBN 978-7-5488-4304-7

Ⅰ.①品… Ⅱ.①池… Ⅲ.①阳台—观赏园艺—普及
读物 Ⅳ.①S68-49

中国版本图书馆 CIP 数据核字（2020）第 081530 号

老年大学系列教材

品味空间：阳台种植好帮手

池玉敏 编著

出 版 人 崔 刚

策 划 孙凤文

责任编辑 贾英敏 刘召燕

装帧设计 张 倩 云门设计·逄晓欢

出版发行 济南出版社

地 址 济南市二环南路 1 号（250002）

编辑热线 0531-86131722

发行热线 0531-86131728 86922073 86131701

印 刷 山东联志智能印刷有限公司

版 次 2020 年 5 月第 1 版

印 次 2020 年 6 月第 1 次印刷

开 本 210 mm × 285 mm 16 开

印 张 7

字 数 84 千

印 数 1—3000 册

定 价 45.00 元

（如有印装质量问题，请与承印厂联系调换）

前　言

　　浪漫的玫瑰、缤纷的蔷薇、清新的茉莉、淡雅的水仙、生机勃勃的太阳花、萌宠一般的多肉，它们或清新淡雅，或艳丽蓬勃，或娇嫩可爱，总能给我们的居家生活带来非同一般的美感与享受。

　　除了多姿多彩的外形、清新怡人的香气，很多花草还有宜室宜家宜人的功效。比如滴水观音可以清除空气中的灰尘；非洲茉莉产生的挥发性油类，具有显著的杀菌作用，可使人放松，有利于睡眠；白掌、铁线蕨、吊兰等可以过滤空气中的苯、甲醛等有害物质；龟背竹可以在夜间吸收二氧化碳，提高居室的含氧量；文竹的肉质根有止咳润肺、凉血解毒之功效；菊花、茉莉花、桂花等，可以制茶，有美容养颜之功效……真是不胜枚举。

　　在了解了种植花草的诸多好处之后，您是不是也跃跃欲试了呢？那么，如何把阳台打造成一个多姿多彩的花园或者瓜果飘香的菜园？如何足不出户成为拥抱绿色和健康的"种植达人"呢？本书提供给您一份简便直观的植物栽培指南：蔬菜、花草、多肉植物的阳台栽培方法尽在其中，苔藓微景观、组合盆栽、家庭插花、创意花艺等的制作方法简单易学，让您轻轻松松就能体会到亲手制作的插花作品美化了居室、亲手培育的蔬菜瓜果被烹饪成美食的自豪感，打造一方属于自己的诗意栖居的"花花世界"，让自己的生活更加充实，让家人的生活更加美好！

　　行动起来吧，这样的生活就在眼前……

「Contents」

目录

第一章　阳台朝向和绿植栽培　/001

南阳台和绿植栽培　/002

东阳台和绿植栽培　/006

西阳台和绿植栽培　/009

北阳台和绿植栽培　/012

家庭养花的九大误区　/016

第二章　阳台蔬菜的种植　/021

阳台种植蔬菜的技巧　/022

常见蔬菜的阳台种植　/025

第三章　多肉植物栽培　/039

栽种多肉植物的注意事项　/041

多肉植物组合栽培　/046

多肉植物的艺术造型　/051

第四章　苔玉的制作　/055

新鲜苔藓+绿植组合苔玉的制作方法　/57

干水苔+多肉植物组合苔玉的制作方法　/58

第五章　巧手制作苔藓微景观　/059

第六章　植物组合盆栽　/065

藤编筐盆栽　/067

蝴蝶兰组合盆栽　/069

第七章　家庭插花　/071

常见花材和插花技巧　/073

常见家庭插花的制作方法　/075

创意插花　/079

巧手制作花器　/084

第八章　创意花艺　/091

创意桌花　/092

干花花艺　/096

第一章
阳台朝向和绿植栽培

南阳台和绿植栽培

　　南阳台一年四季都有阳光照射，日照充足，如果通风好的话，便是养花的好场所。在不同的季节，阳光在南阳台的照射角度也不同。从秋季起，阳光的射入角度逐渐变小，仍可透进室内深处；到冬季，阳台大部分地方都能受到阳光照射。南阳台如有挡风玻璃窗，即可成为花木越冬的理想场所。

　　南阳台上可以栽种喜阳的植物，即阳性植物。阳性植物是在充足的阳光照射下才能开花的植物，对光照的要求很高。开花植物如水仙、牡丹、芍药、郁金香、风信子、美女樱、茉莉、米兰、九里香、桂花、大丽花、美人蕉、蜡梅、一品红等，果木类植物如银杏、石榴、金桔、葡萄、无花果等，藤本类植物如紫藤、凌霄、爬山虎、牵牛花等，都适合在南阳台栽种。

茉　莉

　　茉莉，畏寒，喜温暖、潮湿、通风佳、光照充足的环境。光照充足时，茉莉的枝干强健，叶子浓绿，花朵比较多，而且味道也更香。茉莉不耐旱，但又忌积水。水过多的话，叶片易发黄，夏季可在叶面喷水。土壤以肥沃的沙质或半沙质为好。为促进茉莉开花，夏季可增施磷钾肥，同时将其移到阳光充足、通风良好之处。花凋谢后，及时将花枝减掉，以促进新花梢的生长。若遇虫害，可用万能粉或杀灭菊酯加水 200 倍进行喷洒，每半月喷洒一次；即使未发生病虫害，也应喷洒，做到预防在先。喷洒时间以晴天上午 9 时和下午 4 时为宜，中午烈日不宜喷洒，防止药害。

桂　花

　　盆栽桂花气质高雅、气味芳香，极富韵味，这几年越来越受到都市家庭的喜爱。

　　桂花喜酸性土，因此花盆中可适当增加腐殖土。盆以瓦盆为佳，渗水性及透气性都比较好。盆栽桂花 1～2 年需换一次盆，换盆宜在早春进行。桂花喜高温、干燥，浇水的时候保持土壤含水量 50% 左右为好，也要注意防止积水，以免造成烂根；夏日要注意中午遮阴，以防盆土过干。桂花比较喜欢有机肥，7 月后施复合有机肥，9 月初施磷肥以促进生长、开花。

东阳台和绿植栽培

　　东阳台一般只有上午 4 个小时左右的光照时间，到了下午便成为阴凉之所，因此适合栽植短日照和稍耐阴的花卉。

　　短日照花卉是指只需较短的光照就能开花的植物，如果光照时间太长反而不会开花。这类植物有蟹爪兰、君子兰、茶花、杜鹃花等。

蟹爪兰

蟹爪兰是家中常见盆栽，可以养植多年。它的花期很长，可以从10月一直到次年2月。要养植好蟹爪兰，首先要注意浇水不能太多，盆内积水容易引起烂根。其次，注意适当的通风和光照。开花前，施少许有机肥。再次，修剪很重要。在花谢的时候，要减去开败的花朵，最好减去其下3~4节。长新枝的时候，也要修掉过密的新枝，以防营养不足。在长出新花蕾的时候，要摘去长势弱的，留下强壮饱满的。蟹爪兰生长多年以后，花枝增多，要注意将花枝分层架高，以免影响其光合作用。另外，如果蟹爪兰长势非常旺，每年春天都要修剪一次，秋天也可以修剪，冬天则不可修剪。注意选择在晴天修剪。

君子兰

君子兰具有很高的观赏价值，被誉为富贵之花，是许多家庭喜欢栽种的花卉品种。君子兰是多年生草本植物，寿命可达几十年，冬春开花，花期长达 30 ~ 50 天。君子兰原产于非洲热带地区，生长在树下，为半阴性植物，喜凉爽，忌高温，生长适温为 15 ~ 25℃，气温低于 5℃停止生长，甚至有可能被冻伤。君子兰喜肥，喜湿润，但又忌积水，需要土壤排水性良好。君子兰喜欢通风好的环境，畏惧强烈的阳光直射。正常情况下，君子兰长出十二片叶子以上才开花，每年开花一次。

西阳台和绿植栽培

西阳台只在下午 4~6 点有光照。在夏季，太阳西晒特别强烈，对盆花的生长很不利。因此，西阳台可以搭架栽植葡萄、紫藤、金银花、爬山虎、瓜蒌、茑萝、牵牛花等攀缘植物，阴棚下可栽植喜阴花卉。如果避开午后 2 点钟前的强烈阳光直射，盆花还是能养好的。在冬季，西阳台也能接受充足的阳光，反而成为冬季养盆花的好地方。

爬山虎

爬山虎是多种植物的别称，枫藤、红丝草、趴山虎、巴山虎等统称为爬山虎。爬山虎一般攀缘在墙壁或岩石上，是垂直绿化的主要植物。室内阳台也可种植，可让爬山虎攀爬阳台墙壁或上方，但是要注意修剪，以免覆盖过大，破坏室内装修。爬山虎适应性非常强，比较喜欢阴湿的环境，耐旱、耐寒、耐贫瘠，可谓"懒人植物"。爬山虎对土壤的要求不高，耐修剪，怕积水。它对二氧化硫和氯化氢等有害气体有较强的抗性，对空气中的灰尘有吸附能力。

牵牛花

牵牛花为一年生草本植物，因花朵形状酷似喇叭，也叫作喇叭花。牵牛花的品种很多，色彩多样，花瓣边缘的变化也较多，是常见的观赏植物。

牵牛花适应性较强，喜阳光充足，喜温暖，耐暑热高温，但不耐寒，怕霜冻。牵牛花一般春天播种，夏天开花，种子发芽的适温为20～30℃。播种时，可按品种分行播在细沙中，10天左右发芽，大约再过10天，子叶完全张开。待真叶萌发，可将小苗移栽到小盆中。若土壤疏松肥美，牵牛花长势会更旺。花蕾孕育的时候，喷一些磷酸二氢钾水溶液，则花大色艳。夏季浇水要足，但盆内不能积水。

北阳台和绿植栽培

在适宜花木生长的温暖季节里，北阳台很少有阳光照射，只有在夏季午后才有斜阳照射。虽不适宜培育喜阳花卉，但如能做好通风、喷水和地面洒水等工作，还是可以栽种一些耐阴植物的，如蕨类植物、文竹、棕竹、龟背竹、苏铁、橡皮树、玉簪等。

文　竹

文竹，又称云片松、云竹，喜欢温暖、湿润和半阴、通风的环境。夏季忌阳光直射，冬季忌严寒。文竹不耐干旱，也不能浇太多水，水多烂根，最好是不干不浇，浇水浇透。培土以疏松肥沃、排水良好的砂质土壤为宜。文竹生长适温为 15～25℃，越冬不低于 5℃。文竹喜爱清洁和空气流通的环境，如果受烟尘、煤气、农药等有害物质的刺激，叶子便会发黄、卷缩以至枯死。所以，应将文竹摆放在干净清洁、通风良好的环境中，远离大理石等释放汞气体的装饰材料。

文竹具有极高的观赏价值，可放置在客厅、书房，在净化空气的同时也增添了书香气息。

橡皮树

橡皮树，别名橡胶树、巴西橡胶，大戟科榕属的大乔木。橡皮树主干明显，少分枝，长有气根。单叶互生，叶片长椭圆形，厚革质，亮绿色，侧脉多而平行，幼嫩叶红色，叶柄粗壮。橡皮树观赏价值较高，是著名的盆栽观叶植物，极适合室内美化。中小型植株常用来美化客厅、书房；中大型植株适合布置在大型建筑物的门厅两侧及大堂中央，显得雄伟壮观，可体现热带风光之美。橡皮树四季常青，能吸收空气中的一氧化碳、二氧化碳、粉尘、甲醛等，起到净化室内空气的作用。

在橡皮树的养植方法中，第一个诀窍就是温度适宜。橡皮树的生长温度在 20 ~ 25℃最好，30℃以上也能生长良好，但是耐寒力非常差，如果冬季温度太低，橡皮树会大量脱叶。橡皮树喜光照，但在 5 ~ 9 月要适当遮阴。

在橡皮树的养植方法中，施肥也是一大诀窍。施肥可施氮肥，能减少斑纹的产生，让叶子变得亮丽。冬天不要施肥。橡皮树喜肥沃、疏松、偏酸性的土壤。盆土宜用 4 份腐叶土、草灰土加 1 份河沙及少量基肥配制。

夏季高温时节，橡皮树生长较快，应大肥大水，但要避免盆内积水。入秋后逐渐减少浇水，以促进植株生长、越冬。

栽培观赏植物，室内光线不足怎么办？

由于阳光照射的局限性，摆放在室内的植物不能得到最理想的光照，但可用人工方法补救。如，加强灯光照射；或在向阳的窗边竖一面镜子，把光线折射到室内暗处，让摆在暗处的植物借折射光生长。

家庭养花的九大误区

花卉在带来清新、美感的同时，也带来了不少烦恼，如明明细心护理，但花卉却越养越差……究其原因，其实是存在一些养花误区。

误区 1：浇水未浇透，只浇"半截水"。

方法：浇水时一定要浇透，不要只浇"半截水"（只打湿盆土表面），否则一旦根系供水不足，植株就会脱叶甚至枯死。浇水应做到"不干不浇，浇则浇透"，即盆土未干时不要浇水，如果浇水则要一次浇透。

误区 2：不讲究浇水时间，四季如一。

方法：浇水的时间是很有讲究的。一般来说，浇水的时间，冬季宜在下午 4 时左右，其他季节以上午 10 时以前为宜。夏季中午温度较高，忌浇水，否则会使土壤温度突然下降，水分吸收减慢，导致水分供应不足，上部叶子焦枯。

误区 3：夜晚叶片上留有水滴。

方法：有人经常在晚上给花浇水，或是用湿布擦拭叶片。殊不知晚上叶片上有水，容易造成叶片腐烂、病虫害频发。因此要注意浇水时间和擦叶片的时间，一定要确保叶片晚上无水。

误区 4：用喝剩的茶水浇花可以补充营养。

方法：向花盆里倒喝剩的茶水会提高土壤酸碱度，容易引起黄化病，甚至可能导致盆花死亡。另外，茶末在腐解过程中还会滋生杂菌，消耗土壤氧气，也不利于盆花生长。

误区 5：病弱植株需多施肥。

方法：病弱植株枝条细弱，光合作用差，新陈代谢迟缓，如果随便施肥，容易造成肥害。就像人一样，如果生病了，还拼命补，不但会增加身体负担，还可能加重病情。对待植物，也是同样的道理。因此，对病弱植株，千万不要一味地追肥，以免适得其反。

误区 6：肥越浓越好。

方法：盆花施肥如果浓度过大或用量太多，容易造成肥害，轻则导致盆花长势不好，重则可能导致盆花死亡，就是大家常说的"肥死"。施肥应按照薄肥勤施的原则，以"三分肥七分水"为宜。

误区 7：电视机旁边养花。

方法：有人为了减少辐射，喜欢在电视机旁边摆放盆花。而实际上这种做法是不对的，因为电视机在工作时发出的放射线对植物细胞的繁殖有破坏作用，时间久了还会导致盆花枯死。

误区 8：室内养花少通风。

方法：空气不流通是威胁花卉健康的首要杀手，不但影响正常呼吸，还会影响正常生长。应常开门窗，创造良好通风条件。

误区 9：室内植物一直放在室内养。

方法：养花者常有这样一个误区，就是室内植物只要放在室内养就可以了，很少或者根本不搬到室外。实际上，如果盆花在室内摆设时间过长，往往由于阳光不足而生长不良，应适时或者每隔一段时间把盆花搬至室外调养。当然，调养要避开夏季的高温期和冬季的低温期。

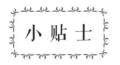

小 贴 士

做一名合格的"护花使者"

大多数爱花之人都会对家中的花花草草呵护备至，但当花花草草生病蔫萎时，该怎么办呢？下面就来教大家"望闻问切"，做一名合格的"护花使者"。

1. 查土壤

土壤是害虫和病菌存活的大本营。有害生物比如根结线虫、部分真菌、蛴螬、金针虫等，会躲在土壤中，侵害花卉的根系。还有很多有害生物先在土壤表层度过一段时间，再回到土下。像很多真菌、细菌和昆虫，它们大部分时间存活在盆花暴露在空气中的部分，到了冬季就钻入土中，第二年春天再从土里钻出来继续侵害花卉。因此，对栽培盆花的土壤要严格消毒。

2. 查空气

空气中也存在很多有害生物，只不过它们不容易看见。它们游荡在空气中，一旦遇到合适的花卉就会"为非作歹"。有些带有翅膀的害虫，如蚜虫，可以从生病的花卉飞落到健康的花卉上传染病害。所以，如果阳台上有遭受病虫害的植株，一定要将它隔离，以免传染。

3. 查水

水中的有害生物有两个来源：第一个是浇花用的水，这里面可能存有一些病菌，因此要用干净水；第二个是淋洗花卉有病部位时所用的水，因为可能会将有害生物带入水中，因此要注意浇水的方法。

4. 查种子和苗木

有时播下的种子或买来的植株本身就带有病虫害，这不但伤害植株自身，还会传染给其他健康的植株，所以购买时一定要仔细观察。

5. "望闻问切"话诊断

通过上面描述的多方面检查，即可提前防范。对于一般的病虫害，使用百虫灵按比例兑水稀释后喷洒，即可有效去除。如果植物受了真菌影响，可使用多菌灵按规定比例兑水稀释后喷洒。一次喷洒无法根除病虫害的话，可多次喷洒。

第二章
阳台蔬菜的种植

现代社会越来越崇尚绿色饮食，越来越多的人开始自己种植蔬菜。拥有一方小院并不是每个人都能够实现的梦想，但一隅阳台却很容易实现蔬菜种植。

阳台种植蔬菜的技巧

如何在阳台上种菜呢？

第一步，确认自家阳台的朝向。

朝南的阳台，一年四季日照充足。如果没有大型建筑或者高大树木挡光，通风又好的话，几乎可以种植所有蔬菜，比如苦瓜、莴苣、黄瓜、西葫芦、菜豆、青椒、韭菜等。此外，莲藕、荸荠、菱角等水生蔬菜也适宜在南阳台种植。冬季，南阳台大部分地方都能受到阳光照射，再搭起简易保温装备，就可以给冬季生长的蔬菜营造良好

的环境。

朝东或朝西的阳台。东向或西向阳台只有半日照，可以种植的蔬菜有洋葱、香菜、小油菜、莜麦菜、丝瓜、萝卜等。但西阳台夏季西晒时温度较高，会使某些蔬菜发生日烧，轻则落叶，重则死亡，因此最好在西阳台角隅种植耐高温的蔓性蔬菜。在夏季，对对面楼层反射过来的强光及辐射光也要做好防备。

朝北阳台几乎全阴，蔬菜的选择范围较小。应种耐阴的蔬菜，如莴苣、芦笋、香椿、姜、空心菜、木耳菜等。在夏季，对对面楼层反射过来的强光及辐射光也要做好防备。

第二步，选择蔬菜种类。在农家、园艺店、花市、菜市场、农艺市场以及正规的网络售卖店等，都可以买到需要的蔬菜种子或嫩苗。

第三步，准备种菜的容器和工具。容器可以五花八门，如脸盆、桶、泡沫箱、木箱、麻袋、油壶、塑料整理箱等，只要口径、深度足够，底部有漏水孔，就可以使用。也可以选用大口径的花盆、花槽、花箱等。种菜必备的工具有：浇水壶、喷壶、水桶、移植铲、起苗铲、小镐、小耙、剪刀、支杆、绳子等。

第四步，准备种植用的土。关于土，需要事先了解几种分类，因为不同的蔬菜对土的要求是不同的。

▶ 腐叶土：由落叶、枯草、菜皮等堆积发酵腐熟而成。方法是挖一个坑，将落叶、枯草、菜皮等堆入坑内，按一层叶（或枯草、菜皮）一层土的顺序，然后撒一些家禽粪尿，重复沉积数层，再盖土封顶，经由半年以上，将糜烂的树叶等与园土混杂，再过筛、晒干，即可收储备用。这种培养土土质蓬松，偏酸性，具有丰盛的腐殖质，有利于保肥和排水，适合种植大多数蔬菜。

▶ 园土和田泥：园土、田泥是指园内或大田的表土，也就是栽培作物的熟土经过堆积、暴晒后置室内备用的土。此类土较为肥沃，适

合种植豌豆、土豆、生菜、苦瓜等。

▶ 营养土：由草炭土、珍珠岩、蛭石混合而成，最适合种植小番茄。

▶ 腐殖土：树林表层的腐化土，不容易板结，里面有腐烂的树叶、杂草等有机质，适宜种植多种蔬菜，特别是生姜。

▶ 壤土：质地介于黏土与砂土之间，兼有黏土和砂土的优点，通气透水、保水保温性能都较好。含砂粒较多的为沙壤土，黏性较多的为黏壤土。适宜种植地瓜、莜麦菜、苋菜、樱桃萝卜等。

▶ 堆肥土：用厨余和植物叶子、杂草等制作而成。在一个桶里，先铺上一层土，再铺一层约 3 厘米厚的厨余，然后再铺一层土，再铺一层厨余，重复铺至桶满，最后放在阴凉处发酵约 3 个月即可制成堆肥土。此类土与园土按比例搭配后可种植多种蔬菜。

注意：无论选择哪种土，使用之前都要消毒，可以把土摊开在太阳下暴晒几天，此法可杀菌消毒、杀虫除卵。

常见蔬菜的阳台种植

香 菜

1. 从市场上买带根的香菜。根部带有少许泥土的香菜更易成活。

2. 把香菜四周的叶子掰掉，只留一点香菜心即可。

3. 准备一个花盆或者泡沫箱，也可以将家里的油桶在底部打孔后用来栽种。泥土用园土即可。

4. 用一根筷子在土里戳一个洞，将香菜栽到洞中，并用泥土将根压实。

5. 每株香菜之间留有 3～5 厘米的间隙，以保障其充足的生长空间。

6. 在每株香菜根部浇上充足的水。

7. 将香菜放在室内阴凉处，3 天左右就能成活，然后将其放到阳光充足的地方。需要用的时候，掐下几片叶子，留着根，香菜能继续生长。

韭 菜

除了冰冻天，整年都可以种韭菜。

种植方法一：种子播种

1. 准备韭菜种子。

2. 把种子用 40～50℃温水泡 12 个小时。同时，把盆土浇透。

3. 播种时，在表层铺一层纸巾，然后用筷子沾着种子将其摆放在纸巾上。

4. 种子播完后，在上面覆盖 1～2 厘米厚的土，轻轻压一下，放在阴凉、通风处。每天喷点水，保持土壤微微湿润，1～2 周后韭菜就

可以发芽。

5. 在小苗长到 9～11 厘米高的时候施一次腐熟有机肥，待其 14～16 厘米高的时候再施一次肥。

6. 苗高 20 厘米之前，一周浇一次水。盆保持透水，不要有积水。

7. 每株苗在长有 8～9 片叶子、高 20 厘米左右时即可移栽。移栽前一天浇透水，使土松软。

8. 移栽时，将苗连土挖出，轻轻抖动，去掉大块泥土，然后按 10 株一份分组，可将叶子剪去约 5 厘米，按株距 10 厘米挖小穴种下，深度以不埋住分节为宜。

9. 移栽后浇透水，待根长出后即可正常管理。韭菜是多年生的，越割长得越粗，但种植 6～7 年后则要淘汰了。

种植方法二：分株

用老韭菜分株，可以很快种出更多韭菜。一般在 4～5 月进行。

1. 将两年以上的韭菜连根挖出，注意不要伤根。

2. 去掉枯叶，10 株分成一份，叶子剪剩至 10 厘米后种植，株距 10 厘米。

3. 栽后浇透水，一周内不用再浇水。新叶长出时可像种子播种法一样给小苗施肥、浇水。

空心菜

1. 空心菜下端长根的地方，就是空心菜的节点。保留这个节点，把下端切掉，上端也保留一个节点。这样就有完整的一节（至少要有一节）。

2. 切好之后，插在水里，三四天之后，就可以生根了。

3. 再过四五天，有些节点处就会长出新叶子了。这时，可以选择土培、半土半水培，或者继续水培。水培的空心菜比较嫩。

生 菜

1. 买种子时一定要留意生产日期，过期的种子不要买，否则发芽率很低。

2. 准备好花盆、种植工具以及园土。

3. 撒种子尽量撒均匀。撒密了也没有关系，后期可以间苗。间出来的嫩苗可以吃掉，也可以移栽到另外的盆里。

4. 发芽后，要多晒太阳，但不要暴晒，要保持盆土湿润。如果太阳晒得少，水浇得多，嫩苗会长得又细又弱。

5. 等苗长大后，要施点肥料，可以是鸡粪肥、牛粪肥或者蚯蚓粪便之类，不建议用化肥。如果苗太密的话，一定要间苗，不然长不壮。

此外，可以把吃过的生菜根留下，用水培的方法种植，这样更省时省力。

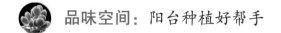

土 豆

土豆一般用块茎来繁殖。

1. 要选择表皮没有破损、表面光滑的土豆，如果有芽就更好了。土豆的表面有一些"小眼"，这些"小眼"就是土豆的芽眼，土豆发芽生根都靠它。

2. 将土豆切成几个小块。要保证每个小块至少有一个芽眼。

3. 将每个块茎蘸上草木灰，放在阳光下晒 1~2 天，直到芽眼发芽为止。

4. 干湿状况对土豆种植影响较大，湿重的黏土容易导致块茎腐烂，因此一定要保持干燥。

5. 种植时，土豆芽向上，约 20 厘米种一个，盖上土，浇透水，放在温暖、阳光充足的地方。如果温度过低，可用塑料薄膜将容器覆盖住，以保暖保湿。

6. 大约三四个星期，土豆便可正常出苗了。前期一定要控水蹲苗，必要时可以通过打顶来矮化植株。

7. 3 个月后，叶片变黄，土豆就可以收获了。

大　蒜

1. 准备表皮完整的大蒜，一瓣一瓣掰好。

2. 备好花盆，喷湿土壤，用铲子挖出小洞或者小坑，将蒜头尖朝上放置并固定，以免浇水的时候松动。

3. 如果气温适宜，大蒜一周左右就会抽出小芽。这个时候要经常晒太阳。

4. 小苗长到一定程度时，可以适当施肥，建议施水肥、鸡粪肥、牛粪肥等。太密的话需要间苗。

5. 需要时可直接掐下来，这样大蒜还可以再长出苗。注意不要连根拔起。

豆　芽

1. 准备一个塑料瓶、一把绿豆。

2. 将塑料瓶戳些小洞（洞的大小以保证绿豆不会掉出来为宜），剪掉上端。

3. 绿豆用水泡 8 个小时（一般泡一夜正好），泡完的绿豆膨胀后会冒出小小的白点。

4. 把浸泡好的绿豆放进瓶子里，绿豆上面要压一块湿布，下面可以放个小碟子以防漏水。

5. 将绿豆瓶子盖上黑色纸袋放在阴凉蔽光处。因为豆芽见光头部会变红，也会有苦味。

6. 前两天早晚浇一次水，且一定要浇透。

7. 第三天就可以看见有小豆芽冒出来了。

8. 第四天就可以把豆芽倒在水盆里清洗一下，炒炒吃了。

葱

1. 选择叶子翠绿、根部完好的小青葱，根部可以稍微留长一些，泥土也不用清洗，这样栽种方便，成活也快。

2. 准备好花盆和肥沃的腐叶土，再加腐熟的饼肥。如果家中没有多余的花盆，可以把葱插空种植在其他花草盆里，节省空间。

3. 在盆里挖一个小坑，把葱根埋进去，注意一个坑不要栽太多，以免营养不足。覆土也不用太多。覆土后轻轻用手压平，以免浇水的时候葱根跑出来。

4. 浇足水，把栽好葱的花盆放在有阳光的地方。短期放阴凉处也可以，但过几天还是要晒太阳。

5. 一个多星期后，葱根处就会长出新芽。这个时候可以多施肥，建议施有机肥。

6. 如果平时要吃葱，可以直接掐叶吃，不要连根拔，这样葱还能继续生长。

豌　豆

南方四季均可播种豌豆，但以 9 月下旬到 11 月上旬播种最佳。北方春播宜早，解冻时即可开始。

1. 准备粒大、无病虫害的种子，食盐水和花盆。将 40 克食盐溶解在 1000 毫升水中，然后将豌豆种子倒入水中，浮在水面上的种子即可丢弃。花盆深度在 25 厘米以上。

2. 先将土壤浇透水，然后在每个小穴放入 2 ~ 3 粒种子，上面覆盖 3 厘米厚的土层，土层上再覆盖一层薄薄的草木灰。

3. 温度要保持在 18 ~ 20℃，最低不得低于 5℃。10 天左右即可发芽。

4. 发芽后可施一次腐熟有机肥。小苗的生长适温为 14 ~ 22℃。

5. 发芽两周后会长出 1 ~ 2 片真叶，这时要进行移栽定植，每盆 3 ~ 5 株。盆里要施腐熟有机肥。

6. 当植株高 30 ~ 40 厘米时，可在盆中插入数条竹竿，以牵引豌豆苗攀爬，注意使茎叶均匀分布。

7. 从枝叶生长旺盛期开始，每 10 天左右施一次腐熟有机肥。施肥以基肥为主。

8. 到开花结果期，15 ~ 20℃的气温最有利于开花和豆荚发育。注意土壤要保持湿润，不积水。

9. 一般成熟期每 2 ~ 3 天可采收一次。

小番茄

南方从 8 月到次年 2 月均可栽种，北方最好在 2～4 月栽种，大约 70 天即可采收。

1. 准备盆器和土壤。盆器至少有 30 厘米深度，土壤中可掺入适量鸡粪，以保证肥力充足。

2. 催芽。将种子在 55℃左右的温水中浸泡一刻钟，再用常温的清水浸泡 6 个小时左右，然后用一块湿润的纱布盖住保湿，再放在 25～32℃的恒温箱中催芽。

3. 播种。待 80% 的种子开裂，露出白色芽体时，即可播种。播种最好选在晴天。播种前最好先将土壤浇透。

4. 移栽定植。幼苗长出 8～10 片真叶时即可移栽定植。应选择粗壮、健康的苗，尽量不要伤害到根部，最好是根部带土移栽。定植宜选在晴天。

5. 幼苗长到 20 厘米时，需要及时搭木架，绑住藤蔓。通常使用树枝或木棍，捆绑的时候松紧度要适宜。

6. 若枝条旁边长出侧芽，应及时摘掉，以便营养集中供给花朵和果实。小番茄需要的水量比较大，但又怕涝，因此应选择排水性能好的土壤。

7. 开花的时候要施一次肥。从播种到采收大约 3 个月，采摘时间以清晨凉爽时为宜。

第三章
多肉植物栽培

多肉植物也叫多浆植物，俗称"肉肉"，是植物营养器官的某一部分，如茎、叶或根（少数种类兼有两个或两个以上部分）。多肉植物肥厚多汁，具有贮存水分的发达的薄壁组织，体现在外形上就是长得肉乎乎的，因而深受绿植养植者的喜爱。它们大多生长在干旱或半干旱地区，每年有很长一段时间吸收不到水分，仅靠体内贮藏的水分以维持生命。再加上有些多肉植物的株体会随着季节或者温度的变化而变化，其五彩缤纷的外观更让人爱不释手。

栽种多肉植物的注意事项

▶ 购买多肉时要"三观"

一观整株是否紧凑，枝干部分是否挺拔有力，枝干上有无黑腐斑点、虫卵；二观叶片是否饱满，有无虫类啃咬的痕迹；三观种植土有无肉眼可见的虫卵或霉菌斑，有无难闻气味。如果没有以上问题，就可以放心买回家了。

▶ 栽种多肉要注意修根

将植物从原盆中取出，磕掉根上的原土，将老根、朽根剪掉，并将多肉静置一天晾根。修根最好在春季或秋季进行，冬夏两季不宜修根。如果是在冬夏买的多肉植物，可等到春秋季再修根复种。除了新买的多肉植物，种植多年的多肉植物也需要修根。

▶ 配置多肉的种植土

多肉植物需要使用透水、透气性强的颗粒土种植，不能使用寻常的园土，因此需要特殊调配。调配的方法有多种，方法之一是用挖土工具（比如一把大勺子）来配比：草炭土2勺、园土2勺、珍珠岩2勺、鹿沼土2勺、赤玉土1勺、蛭石1勺。调配时要注意自始至终都用同一个工具。用土量的多少要根据工具来定，比例只是个大概数字，多一点少一点都没关系。如果觉得配土麻烦也可购买配好的多肉植物专用土。

▶ 如何才能将多肉植物养得又肥又美

关键是要注意以下三个方面：

第一是注意浇水。静置两天左右方可浇水。人们喜欢多肉肥嘟嘟、水灵灵，以为要多浇水才能保持叶片的水分，实际上恰恰相反，水浇多了会使多肉叶片的储水功能失灵，叶皮蓄水减少，叶片反而不肥硕了。所以多肉植物在春秋季节可以一到两周浇一次水，在夏冬季节可以两到三周浇一次水，是名副其实的"懒人植物"。

第二是注意阳光。多肉植物大多生长在阳光充沛、水资源短缺的地方。家庭栽种时，最好将多肉植物放置在南阳台或者南向窗户处，让其尽可能多接触阳光。但夏季要避免阳光直射。

第三是注意通风。如果通风不足，多肉植物易生病虫害。因此春秋季最好全天开窗通风；夏季可放置在室内较为凉爽通风的地方；冬季则需注意保暖，中午可开窗通风。如果有条件，露天养植是最好的。

▶ 多肉植物发生病虫害怎么办？

春季，多肉植物容易爆发介壳虫、根粉介壳虫和蚜虫虫害。介壳虫多长在叶片上，其分泌的黏液容易造成烟煤病等病害，一旦发现须立刻用镊子夹除。根粉介壳虫很小，一般长在根部，人眼不容易发现。如果根部有白色的粉末状异物，那可能是感染了根粉介壳虫。多肉植物开花时容易吸引蚜虫，蚜虫会飞，极易传染病虫害，因此一经发现要立刻清除，以免感染其他植株。

如果感染了这三种虫患，除了用镊子、棉棒手动清除外，还需用杀虫剂。可购买一盒"护花神"，按照说明书的比例兑水后喷洒到发病植株及其土壤中。喷过一次后要观察植株，如果没有将虫害消灭干净，可过几天再喷洒一次，直到完全消灭为止。

▶ 多肉植物如何施肥？

新栽的植株一个月内不要施肥，长势较弱的植株也不要施肥。对于大多数多肉植物来说，可每个月施一次肥，生长缓慢的品种可两个月施一次肥，有些生长极缓慢的品种甚至可不施肥。每年4月，多肉植物进入生长旺盛期。如果植株看起来挺拔、精神，叶片光泽饱满，个头比较肥硕，那么就要对植株进行施肥。施肥前几天不要浇水，等盆土基本干燥后，先在头一天

介壳虫

根粉介壳虫

蚜 虫

松松土，第二天再施肥，以利于植物根部对肥料的吸收。施肥的时候一定要注意"薄肥勤施"，避免操之过急将植物烧死。施肥还应做到"低氮，高磷、钾"。氮肥过多会造成植株疯长、株形松散、观赏价值减弱。多肉植物使用的基肥一般在栽种时直接掺入土壤中，常用的有草木灰、骨粉、贝壳粉、腐熟的禽畜粪等。

▶ **多肉植物的繁殖**

怎样才能一株变两株，两株变一群呢？

方法一，播种。方法和播种其他绿植一样。

方法二，叶插。将多肉植物比较肥硕的叶片掰下来，晾两天，然后平铺在装有多肉植物专用土的花盆里，放在阳光充足的地方，每5～7天喷一次水。这样，每片叶子都能培植出一株多肉。

方法三，"砍头"扦插。"砍头"是对多肉植物特有的说法，对于品相不够好的多肉，可将其上半部剪下来，晾两天，平放在装有多肉植物专用土的花盆里，等枝干处长出气根，再栽种到土里。而被砍掉的老株枝干处还会萌发出新的多肉株体，可谓一举多得。

方法四，分株。这种方法适合群生的多肉植物。将群生的多肉逐一剪开，晾干伤口后放置在土面上，长出气根后即可种植。这样每一个小分枝都能长成独立的株体。条纹十二卷和芦荟多用这种方法种植。

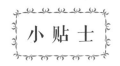

小贴士

自制环保杀虫剂

▶ 蚊香：用塑料袋把长虫的植株全部套住，在袋子内点燃一盘蚊香，大约45分钟到1个小时，即可驱逐粉虱、红蜘蛛。

▶ 米醋水：将米醋适当兑水后喷洒在植株上，可预防白粉病、黑斑病等。

▶ 风油精水：将风油精倒入600倍量的水中稀释，直接喷洒在植株上，每周1次，可预防蚜虫及菜螟等害虫。

▶ 大蒜水：取两头新鲜的大蒜，捣成泥，加16千克水浸泡，30分钟后使用大蒜水喷洒植株，可预防蚜虫和软体害虫。

▶ 马铃薯花蕾：取1千克新鲜马铃薯花蕾，加水8千克，浸泡24小时后将汁液喷洒在植株上，可预防叶螨、蚜虫等。

▶ 洋葱水：取20克洋葱，捣烂后加1.5千克水，浸泡8小时后将汁液喷洒在植株上，可预防蚜虫、红蜘蛛等。

▶ 辣椒水：取新鲜辣椒50克，加30倍量的水，煮30分钟，将汁液喷洒在植株上，可有效防治蚜虫、土蚕、红蜘蛛等害虫。

▶ 丝瓜水：将鲜丝瓜捣烂，加20倍量的水，搅拌后取其汁液喷洒在植株上，可防治红蜘蛛、蚜虫及菜螟等害虫。

多肉植物组合栽培

　　在换盆时，可将繁殖过多的多肉植物制作成组合盆栽，具有成形快、操作简单、容易养护等特点，非常适合家庭赏玩。制作盆栽时，可选择植株矮小、形态自然、习性强健的品种。

　　多株多肉植物合栽，要做到主次分明、高低错落、颜色多彩、叶片形态各异。组合的布局多采用自然式，不必刻意，并可根据需要点缀枯木、奇石、砂石或其他小玩偶，以突出大自然的野趣。

　　多肉植物组合盆栽的制作较为随意，除用传统花盆栽种外，还可用较时尚的卡通陶盆、竹木质花盆、铁器及玻璃器皿栽种。制作时不必拘泥于形式，可根据个人的爱好用不同色彩、形状的植物进行组合，从而制作出独具特色的组合盆栽。

制作一款美观的多肉植物组合盆栽，需要注意以下几点：

▶ **配备必要的工具**

剪刀、镊子、小铲子、铲桶、气吹、刷子、小喷壶。

▶ **了解多肉植物的习性**

尽量将习性相同的多肉组合在一起，以便后期维护。多肉植物根据不同习性分为四类：

第一类是冬型种，是指冬季及春秋季生长旺盛、夏季休眠的品种。比如玉露、星乙女、茜之塔、宝草等。

第二类是夏型种，是指夏季及春秋季生长旺盛、冬季休眠的品种。比如仙人掌科的植物、唐印、子持莲华、火棘、黑王子、酒瓶兰、爱之蔓、雷神等。

第三类是春秋型种，是指春秋季生长、夏季休眠不深、冬季温度适宜也不会休眠的品种。比如白牡丹、铭月、熊童子、福娘、虹之玉、美丽莲、玉珠帘、观音莲、马库斯、巧克力方砖等。

第四类是全年生长型，是指没有明显的休眠期，全年都在生长的品种，比如佛甲草、金枝玉叶、瓦松等。这类多肉非常百搭，在组合时不用考虑它们的习性。

▶ 考虑多肉植物的颜色组合

一盆色彩搭配得当的多肉组合会让阳台更加出彩。关于颜色搭配，有以下四个小技巧：

第一，撞色。撞色也叫对比色，是指色彩搭配比较跳跃，容易让人产生较为兴奋的视觉观感的颜色搭配，比如绿色撞红色、黑色撞黄色。多肉组合中应用得比较多的有绿色搭配红色、紫色搭配黄色、黑色搭配黄色等，这样组合的盆栽跳跃出彩，非常生动。

第二，同色。同色搭配是最不容易出错的，同色搭配的多肉组合整体感觉比较温和。比如深绿配浅绿、大红配粉红、黑色配黑红色。如果家中有造型独特的花盆，可以采用这种搭配组合，既不抢眼，还能突出盆器的独特。

第三，多色。多肉植物有红、粉、紫、黑、绿、黄、粉蓝等颜

色，将这些颜色的多肉组合在同一个大花盆中或者制作成多肉花环，会呈现出让人过目不忘的斑斓色彩。

第四，相近色。就像色环上相近颜色的搭配，如红色搭配橙色、黄色或者绿色，就会显得非常柔和，这种搭配既不会太出挑，还显得很有特色。

▶ **如何制作一盆具有视觉美感的多肉植物组合**

多肉植物除了色彩多样外，形状也是千变万化的，如何选择合适的多肉植物作为组合盆栽的主角呢？要注意以下几个搭配技巧：

第一，注意高低错落设计。模拟自然界中多肉植物的生长状态：高矮不一、错落有致。一般来说，布置在后景的多肉要高一些，布置在前景的多肉可以矮一些，以突出空间层次感。

第二，注意数量设计。一般来说，单数组合的多肉植物更好看些，布置尽量呈三角形。多肉植物有单头的，也有多头的，所以不一定要精确安排每个多肉植物的位置，依照它们在自然环境中生长的状态插空栽种就好。

第三，注意主次设计。如同花艺设计中有焦点花一样，在多肉植物组合中，也要选取一棵最美、最显眼的多肉作为主花，放在最焦点的位置，在它周围栽植其他点缀型的多肉。这种搭配方法更能突出主花的美丽和特点。

第四，注意微景观设计。将少许多肉植物搭配造型各异的石头、卡通玩偶、亭台楼阁等，营造出颇具意境的微景观。

多肉植物的艺术造型

巧搭多肉相框

木质相框为特制的多肉植物相框，约 10 厘米厚，比普通相框厚一些，相框平面处有网状的粗铁丝。

步骤一：根据组合原则，挑选出适宜的多肉植物，在桌子上先摆一摆，尝试组合效果。

步骤二：将多肉植物从花盆中取出，轻轻磕去根上的土，可保留一些原土，以免伤根。在相框底部铺上一层多肉专用土，土的厚度根据相框的厚度来定，一般 5 厘米左右。

步骤三：取一些干水苔，在水桶中静置 10 分钟左右，让干水苔充分吸水。泡好后，将水苔里的水挤干，铺在土上，然后在其表面洒一层缓释肥。因为水苔本身没有营养，缓释肥在后期缓慢释放养分可供多肉植物生长。

步骤四：用镊子在水苔中戳一个洞，将多肉植物根部轻轻放入洞中，并用镊子压实。根据步骤一的设计，将收拾好的多肉植物一一种入相框中。

步骤五：用手攥出水苔中的水，将水苔揉成小团，用镊子将其塞入多肉植物底部，使多肉之间的缝隙塞满。这个步骤要特别小心，多肉植物的叶子特别脆，容易被碰掉，因此要多一些耐心，一点一点地塞水苔，直至将所有的多肉植物都固定住。

步骤六：做好之后，不能将多肉相框直接竖立起来，而是使其平躺一到两个月。等多肉的新根长出并能抓住水苔之后，方可将相框竖立摆放。

步骤七：根据季节、天气和温度状况，给多肉相框浇水，半个月到一个月浇一次水。浇水时，先将相框平放在地上，务必浇透，然后将相框扶起，控干水分。如果用喷壶喷洒，要注意将多肉叶片中间的水珠吹出去。

手工制作的小型多肉相框，可谓阳台上一道独特的风景。此外，在相框中加入树枝、树根、枯木、松果等元素，可以使多肉植物壁挂相框作品如油画一般令人惊艳。

多肉植物鸟笼的制作

步骤一： 准备材料——铁艺鸟笼、粗麻布、多肉植物、绿铁丝等。选购艺术性较强的铁艺鸟笼；麻布耐水性要好，可以使用较长时间；多肉植物在高矮、色彩和叶片形状上要具有多样性，这样组合出来的作品会比较好看；如果没有绿铁丝，可以用普通的细铁丝来代替。

步骤二： 将粗麻布裁剪成略大于鸟笼底部的形状，铺在底部。粗麻布上铺一层多肉植物专用土，厚度以能够种植多肉植物为宜，然后将选好的多肉植物一一栽种在鸟笼中。

步骤三： 将干水苔泡水 10 分钟后，取出并攥干水分，塞在多肉植物的缝隙之间，同时将多肉土遮盖住。这个步骤是为了固定鸟笼中的多肉植物，同时使作品更加精致美观。

步骤四： 参考第四章苔玉的做法，将一小丛多肉植物用湿水苔包住，再用铁丝固定在鸟笼的上面，使作品更富有立体感和层次感。

多肉花环的制作

步骤一：准备材料——铁艺花环、干水苔、多肉植物、松果、绿铁丝。铁艺花环要选购中空的多肉种植专用花环；多肉植物不宜选择太高和太大的，在色彩和叶片形状上要具有多样性，这样组合出来的作品会更好看；如果没有绿铁丝，可以用普通的细铁丝来代替。

步骤二：准备大量的干水苔，泡水10分钟左右。将水苔从水里捞出来，攥干水分。在铁艺花环的背面，将水苔逐一塞入花环中，要塞满塞紧。水苔塞得越紧，后期多肉的栽种会越简单，也会更牢固。

步骤三：将去土后的多肉植物根部包一点湿水苔以保护根部，将塞满水苔的多肉花环翻到正面，用镊子戳一个小洞，然后将多肉植物塞到洞中，随后用水苔塞紧，直至用手轻晃时能感觉多肉很紧实就可以了。

步骤四：重复步骤三，将多肉植物一一种在花环中，要注意色彩的穿插搭配。最后用绿铁丝将松果固定在花环上，作为装饰。

第四章
苔玉的制作

苔玉是日式盆景的一种，始于日本江户年代，历史悠久。苔玉为纯手工制作，可挑选有特色的小绿植和小花草制作苔玉，即可体验到"一花一世界"的美妙境界。

苔玉既可以指盆景，也可以指一种种植方式。

制作苔玉时，苔藓是常用的绿植，因为它生命力顽强，具有良好的透气性和保水性，干了以后只要喷水就能很快复活，重新绽放绿意。

那苔玉是怎么制成的呢？

苔玉分两种，一种是用新鲜苔藓+绿植组合的苔玉，还有一种是干水苔+多肉植物组合的苔玉。

新鲜苔藓+绿植组合苔玉的制作方法

步骤一：挑选一种和苔藓习性相近的植物，也就是比较喜欢温暖、潮湿环境的植物。大多数蕨类植物、文竹、常春藤、罗汉松、碧玉、小椰子、绿萝、吊兰、九里香，以及其他微小型花草都可以。

步骤二：选择苔藓。任何种类的苔藓都可以用来制作苔玉，只是制作的难度有所不同。建议初学者到花卉市场购买大灰藓，这种苔藓不容易碎成小块，比较容易上手。

步骤三：按照植物的大小比例，用比较黏的园土在植物根部团成一个圆球。注意，圆球大小要适中，如果球团得太小，做成的成品重心不稳，容易倒伏；如果球团得太大，会失去美感。

步骤四：把苔藓放在水中泡 10～20 分钟，彻底浸湿后，用土球包裹住，然后用黑色的细线缠住，避免苔藓滑落。等苔藓彻底长在土球上之后，可以将黑线剪断取下。苔玉就做好了。

此外，也要注意苔玉的日常保养。苔藓的保湿性能较好，可以在它发干的时候喷水，或者将整个苔玉浸于水中 2 分钟后拿出。一般夏季 3～5 天、冬季 5～7 天浸水一次即可。

干水苔+多肉植物组合苔玉的制作方法

步骤一：将干水苔泡在水中 10 分钟左右，让其充分吸水软化，然后将水苔从水中捞出，攥干水分备用。

步骤二：多肉植物不宜太高，以矮壮敦实的品种为宜，否则重心不稳不容易固定。将选好的多肉植物从盆中拿出，轻轻磕掉盆土。盆土不必清理得太干净，以免伤根。若根部太大，可适当修剪。

步骤三：用少量水苔包裹多肉根部，在水苔内放置几颗多肉控释肥，用鱼线或绿铁丝扎紧。根部陆续加入湿水苔，逐渐团成一个球形（为了美观，可以在干水苔的外面覆盖一层绿色苔藓），然后用透明的鱼线缠绕，扎紧。这样，多肉苔玉就做好了。

此外要注意苔玉的保养。浇水时，将整个苔玉浸入水中 5 分钟后拿出。一般，夏季 3~5 天、冬季 5~7 天浸水一次即可。

第五章
巧手制作苔藓微景观

　　苔藓，小小的，不起眼，生长在阴暗潮湿的角落里，有的牢牢附着在木桩上。如果把它利用好了的话，可是另外一番风景哦！

　　如果说苔玉是"一花一世界"的话，那苔藓微景观就是"一瓶一世界"。可以用少量的绿植、石头、枯木、装饰砂、小玩偶、苔藓来制作属于自己的瓶中微世界。

　　准备工具：小镊子、小勺子等。

　　制作步骤：以有没有其他小绿植为准，分两种。

纯苔藓微景观通用种植导图

1.放入轻石
轻石高度以达到瓶体高度的1/6为宜。轻石起到隔水作用，可有效防止因浇水过多造成的积水。

2.放入水苔
将水苔撕成小块，均匀铺在轻石上，只需薄薄一层即可。用小勺将水苔按压平整，使其起到隔离上下层种植介质的作用。

3.放入种植土
将种植土铺成斜面，遵循前低后高的原则，使前景部分厚度略高于轻石，后景部分种植土厚度约为前景部分的2~3倍。

4.浇透种植土
铺设完成后将种植土浇透，注意控制水量，积水位不可高于轻石层。

5.铺设苔藓
清除苔藓里的杂质，用镊子小心地将苔藓铺设在瓶中。可根据自己设计的场景选择放置位置。用勺子按压，让苔藓根部与土贴合。

6.苔藓的铺设也需要有一个自然的坡度才更好看。在露出泥土部分要铺上砂石。

7.放置后景装饰物
可根据自己设计的场景放置小石块等装饰物。

8.放置前景玩偶
可根据自己设计的场景放置前景玩偶，然后清洁瓶子，给苔藓喷水。

苔藓和其他绿植组合的微景观
通用种植导图

1.放入轻石
轻石高度以达到瓶体高度的1/6为宜。轻石起到隔水作用，可有效防止因浇水过多造成的积水现象。

2.放入水苔
将水苔撕成小块，均匀铺在轻石上，只需薄薄一层即可。用小勺将水苔按压平整，使其起到隔离上下层种植介质的作用。

3.放入种植土
将种植土铺成斜面，遵循前低后高的原则，使前景部分厚度略高于轻石，后景部分种植土厚度约为前景部分的2~3倍。

4.浇透种植土
铺设完成后将种植土浇透，注意控制水量，积水位不可高于轻石层。

5.陆续植入背景植物
用镊子小心地将背景植物植入瓶中，可根据自己设计的场景选择种植位置。

5.铺设苔藓
清除苔藓里的杂质，用镊子小心地将苔藓铺设在瓶中。可根据自己设计的场景选择放置位置。苔藓根部与土贴合。在露出泥土部分铺上砂石。

7.插上玩偶
可根据自己设计的场景插上玩偶，放置雨花石等装饰物。

8.清洁瓶子
清洁瓶子，将植物喷湿。记得经常浇水，避免阳光直射。

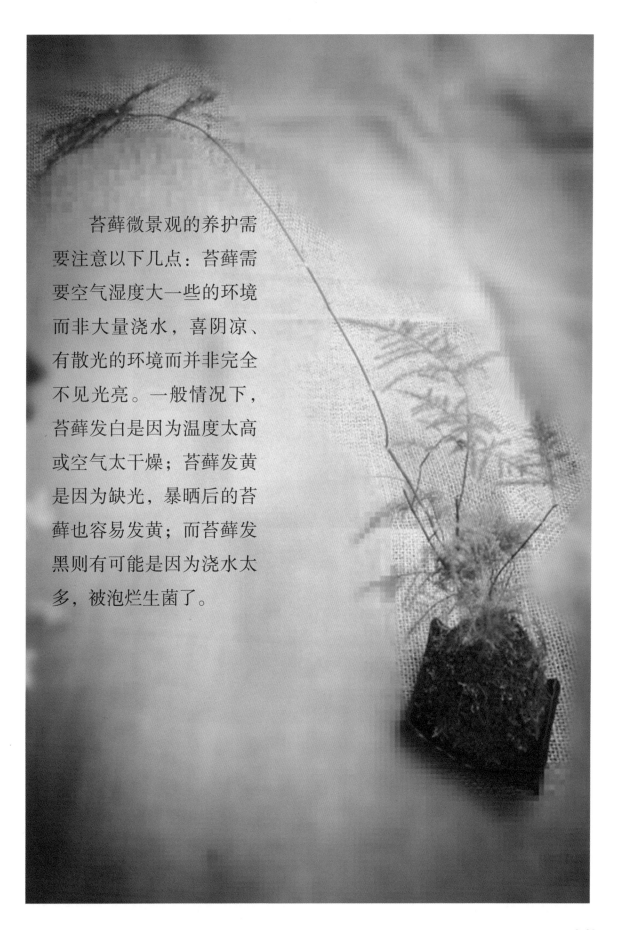

　　苔藓微景观的养护需要注意以下几点：苔藓需要空气湿度大一些的环境而非大量浇水，喜阴凉、有散光的环境而并非完全不见光亮。一般情况下，苔藓发白是因为温度太高或空气太干燥；苔藓发黄是因为缺光，暴晒后的苔藓也容易发黄；而苔藓发黑则有可能是因为浇水太多，被泡烂生菌了。

第六章
植物组合盆栽

如果身边有广口的花器，无论是瓷的、陶的、玻璃的，还是藤编的、木制的，都可以用来搭配一些小物件制作成组合盆栽。这些小物件可以是院子里捡的一截枯树枝，也可以是海边游玩时带回的贝壳，也可以是路边捡来的一块小石子。

藤编筐盆栽

步骤一：在藤编筐的内部铺设一层塑料薄膜，以防止浇水之后渗漏。但是如果不透水的话，水浇多会引起烂根，因此需要在藤编筐的底部、塑料薄膜之上放上至少三分之一高度的陶粒。

步骤二：去五金店购买纱窗塑料网，剪成与藤编筐口部大小一致的形状，铺在陶粒上，将上面的土层和下面的隔水层（陶粒层）隔开，防止日后因浇水不当引起水土流失。

步骤三：选择几种植物种在藤筐中。这几种植物的选择应遵循以

下原则。

1. 植物的习性相同，比如同为喜水喜阴植物或同为喜阳喜干燥植物等。

2. 挑选的几种植物要高低错落，颜色深浅有层次，叶片的形状最好也有明显区别，这样搭配出来的效果会更好。

步骤四：植物大约占藤筐的一半，然后填上营养土，将土压实，轻轻摇动植物，以左右不晃动为宜。

步骤五：空出来的另外一半空间，可以尽情发挥想象力来装扮。可利用家里的小物件、小玩偶、花卉市场淘来的彩色细沙、水族市场淘来的各种小石子，营造一座属于自己的"梦想花园"。

步骤六：如果是用藤筐制作的组合盆栽，要注意少浇水。在干燥的季节，可以每天给植物喷水，在植物根部浇少许水即可，以免因为塑料薄膜不透水造成植物烂根。如果使用的是有底孔的盆器，就没有这种限制了，可以浇透，直到花盆底孔流出水。

蝴蝶兰组合盆栽

我们掌握了植物搭配组合的技巧，就可以挑选一些习性相同或类似的植物组合在一起。如可选择蝴蝶兰、小叶发财树、长寿花这三种植物，它们有一个共同点：不耐寒，喜半阴的环境。

步骤一：将三棵植物脱盆、修根、去除枯叶，备用。

步骤二：在花盆底部垫少许陶粒，将三种植物按照高矮摆好，在缝隙中倒满营养土并压实。

步骤三：若有空余的地方，可以栽种几棵喜阴的矮小植物，如网纹草、西瓜皮或豆瓣绿、绿苔藓等小巧的植物，增加组合盆栽的空间层次感和灵动感。

步骤四：其他空余之处可以点缀小石子、木头段或贝壳等，衬托组合盆栽的独有特色。

第七章
家庭插花

鲜花越来越普遍地进入大众生活，很多人对插花有着浓厚的兴趣。家庭插花以自然、随意、野趣为主，轻花艺和造型设计。

常见花材和插花技巧

首先，介绍家庭插花常用的花材。 这些花材都比较常见，在各地的花卉市场都能买到。

▶ 线性花材。如剑兰、银柳、蛇鞭菊、水烛、贝壳草、钢草、剑叶、龙柳、尤加利叶、红瑞木、金鱼草、紫罗兰、跳舞兰等。

▶ 团状花材。如玫瑰、康乃馨、菊花、扶郎、郁金香、洋桔梗等。

▶ 填充花材。如满天星、情人草、水晶草、黄莺草、蕾丝花、石竹梅、勿忘我等。

▶ 焦点花花材。花型比较大，形状奇特，如百合、红掌、向日葵、羽衣甘蓝等。

▶ 叶材。如春羽叶、龟背竹、散尾葵、巴西叶、高山羊齿、银叶菊、鱼尾叶、栀子叶、蓬莱松等。

其次，介绍插花的基本技巧。

▶ 高低错落。注意不要把花插在同一水平线上，也不要使花枝按等角形排列。花枝的位置要高低、前后错开，否则就会显得呆板、不自然。

▶ 疏密有致。排列花材和叶材时，要模仿它们在自然界中的状态，要有疏有密，不要等距离排列。

▶ 虚实结合。主角再美也需要配角的映衬。花为实，是主角；叶为虚，是配角。

▶ 仰俯呼应。插花作品中一般都会设一个焦点花，即上下左右的花枝都要围绕焦点花相互呼应，使花枝保持整体性和均衡性。

▶ 上轻下重。盛花在下，花苞或者花头小的花朵在上；浅色在上，深色在下。这样可以避免头重脚轻，失去平衡。

▶ 上散下聚。基部花枝聚集，上部疏散，也是为了避免头重脚轻。上部只需要少量的花枝或叶材作为空间的延伸，焦点花材一般都安排在下部，周围加上其他花朵映衬，则会显得浓墨重彩。

常见家庭插花的制作方法

餐桌花艺

餐桌是一家人欢聚就餐的地方，在餐桌上摆放的花艺作品不宜太高。如果可以融合餐具元素来制作插花作品，会更加增添生活情趣。

【知识点】宽口容器适当"分割"后，便可以用来摆放鲜花。

步骤一：准备材料：蘸料碟一个、竹签两根、剑叶两片、洋牡丹若干。

步骤二：将剑叶根据蘸料碟的宽度，剪成小段，用两根竹签穿起来，放在碟上备用。

步骤三：将洋牡丹剪短，使其正好卡在剑叶之间。一款既简单又独具特色的餐桌花艺小品就完成了。

客厅桌花

客厅是家人日常活动以及待客的空间。一般来说，客厅空间相对较大，可以在茶几或者副桌上制作一盆较大型的直立式插花作品。

【知识点】直立式插花，是将花枝插入花泥中的角度控制在 0 到 30 度之间，也就是说，花枝是垂直于花泥或者接近垂直于花泥的。

步骤一：准备材料。长方形的花盒、花泥、剑叶、郁金香、玫瑰、紫罗兰、小雏菊、春羽叶、栀子叶、蓬莱松。

步骤二：将花泥泡在水中吸满水，并用刀裁成适合花盒大小的形状，塞入花盒中。注意将花泥直接平放在水面上，让它自然吸水下沉，千万不要用手按压，以免造成花泥中间吸不上水。

步骤三：修剪剑叶，使其高度为花盒长度、宽度之和。将剑叶直立插入花泥中，用 5 到 6 片剑叶打出作品左侧的背景，在剑叶前方陆续插入白色紫罗兰、粉色郁金香，注意要层次分明。作品右侧插入玫瑰花，要错落有致。玫瑰花的间隙用栀子叶和小雏菊填充。

步骤四：作品下端用春羽叶向外扩展，使作品更加沉稳饱满。底部如果有露出花泥的地方，可用蓬莱松填充遮挡。

书房桌花

书房是静心工作和学习的地方，插花作品宜风格典雅、色彩清淡，让观赏者可以静心、凝神。可以借鉴中式插花"碗花"的技法，制作一款适合放在书桌上的花艺作品。

【知识点】碗是中式插花六大花器（碗、盘、缸、瓶、筒和篮）之一。碗花的花形中规中矩，讲究"中藏"，端庄严谨是其特色。

步骤一：准备无孔紫砂碗一个、中号剑山一个、郁金香三朵、火龙珠若干、雪柳若干、高山羊齿若干。

步骤二：选取枝条形态美的雪柳，整理杂叶后，倾斜插在剑山中。可多放几枝雪柳，以丰富背景部分。

步骤三：选取三枝郁金香为主枝，层次分明地垂直插在剑山正中心位置；火龙珠作为副主枝，可丰富主枝的周围空间。

步骤四：高山羊齿围绕在下部，将作品"托"起。在剑山往上一个手掌大的位置不能有叶子，要清亮干净。

品味空间：阳台种植好帮手

创意插花

生活中的插花形式多样，创意无限。除了花市里的花材，自家阳台上的绿植、当季盛开的鲜花，甚至蔬菜、水果等均可作为插花的主体材料。容器的选择也灵活多样，日常用的茶杯、竹筒、酒瓶、儿童玩具以及饼干盒等均可使用。

水果巧搭鲜花

菠萝是很常见的水果，除了可以食用，也可以用作插花的主花材。这一插花作品不仅用到的花材非常少，而且也非常经济。

1. 将菠萝的中间挖空，使其大小恰好能放进去一个矿泉水瓶。

2. 将矿泉水瓶塞进菠萝中，将高出菠萝的部分剪掉。

3. 在矿泉水瓶中倒上水，花瓶就完成了。

4. 在花材的选择上，可以选和菠萝同色系或者相近色系的花材，按照自己喜欢的样子插上花枝，"菠萝插花"就做好了。把它摆放在客厅里，既可赏花，又能闻到果香，真是惬意！

蔬菜变插花

水果可以做成花器，那么蔬菜呢？它特殊的颜色、质感和光泽是不是也能使插花作品具有独特的美感呢？下面就来介绍两种蔬菜插花的制作方法。

卷心菜桌花

卷心菜桌花用的是"掏心法"，能使用这种方法制作花器的还有南瓜、冬瓜、石榴等体型较大的果蔬。将卷心菜中部掏空，塞入泡好的花泥（花泥要根据洞的大小事先切好），花器就制作完成了。

【知识点】制作本款插花主要学习半球形插花的方法，根据半球形的形状定出 1～5 个点的主要轮廓，再填充其他花材。

步骤一：准备花材，如香槟玫瑰、火龙珠、紫罗兰、小雏菊、尤加利叶、蕾丝花等。

步骤二：用5朵花在花泥上插出5个洞作为定点，定点的距离与花泥的长度要协调。5个定点是制作半球形花艺作品的关键，类似于盖房子搭框架一样。

步骤三：花朵之间要注意层次感，以半球形的形态作为基准，持续增加花朵。玫瑰花、紫罗兰、火龙珠、蕾丝花和小雏菊可以穿插着搭配插入，让作品丰富起来。

步骤四：尤加利叶点缀其间。尤加利作为线性花材，可以略高于整个球形框架，使作品更加灵动。

芹菜桌花

芹菜桌花使用的是"外围法"，可以使用这种方法的是细长或扁平的蔬菜，比如菜豆、扁豆、葱、细胡萝卜、莴笋等。将芹菜根据花泥的高度剪短，围绕花泥一周排列，用丝带绑紧。

【知识点】这款芹菜桌花使用法式桌花的制作要点，花枝自由、错落分布，看似没有章法却不凌乱，高度还原了植物生长的自然形态。

步骤一：准备花材，如糖果玫瑰、郁金香、洋桔梗、小雏菊、尤加利叶、雪柳。

步骤二：将第一枝和第二枝花随意插入花泥，注意两枝花高度不同。将第三枝花以和前两枝花呈三角形方向插入花泥，高度和前两枝花不同。按照这个原则，插空插入花枝，使后插入的花和周围的花枝高度不同，尽量呈三角形。

步骤三：细小的花蕾可以跳脱出来，线性花材也可以适当拉长线条，增加作品的线条美。调整一下露出花泥的部分，添上叶材即可。

巧手制作花器

长方形花盒的制作技巧

长方形花盒是现如今比较流行的一种花礼形式，既高端大气，也能给鲜花最好的保护。

【知识点】鲜花以并列的方法排插在花泥中。

步骤一： 准备香槟玫瑰、红玫瑰、尤加利叶、蕾丝花。

步骤二： 将花泥泡好水，包上防水纸，放入底部花泥盒中。

步骤三： 根据花盒的宽度，选择 6 朵香槟玫瑰，将其并列插入花泥中。如果玫瑰花的花头不直，尽量将花头冲向观赏者。

步骤四： 第一排插完后，自下而上插第二排、第三排、第四排。用玫瑰花将花盒上半部分的空间填满。

步骤五： 将尤加利叶用并列式的方法填充花盒的下半部分，蕾丝花略微点缀即可（蕾丝花也可不放）。

扫一扫，看相关
讲解视频

圆形花盒的制作技巧

比起长方形花盒来，圆形花盒造型更加精致。

【知识点】圆形花盒是自上而下观赏的，着重欣赏的是花头部分，所以选材的时候要选择花头较有观赏性的花材。

步骤一：准备花材，糖果玫瑰、郁金香、洋桔梗、火龙珠、小雏菊、尤加利叶、蕾丝花等。

步骤二：将花泥切成适合花盒大小的形状，用防水纸包住，放入花盒底部。

步骤三：插花的时候要注意，其高度不能影响盖花盒的盖子。如果不需要盖盖子的话，花朵高度可随意。

步骤四：第一朵、第二朵花可以随意插，第三朵花和前两朵呈三角形，高低略微错落。同理，其他花朵和相邻的两朵也要呈三角形。重复这个原则，将花泥插满。

步骤五：花朵要略微有高度的不同，细小的花蕾可高一些；蕾丝花花头比较大，可拆开用铁丝捆绑装饰在花朵空隙之间。

步骤六：尤加利叶不可留得太长，短于或略高于主花均可。

步骤七：做一个丝带结做装饰。

扫一扫，看相关
讲解视频

抱抱桶的制作技巧

桶形的花艺作品，因为造型可爱，正好抱个满怀，因此也被称为"抱抱桶"。

【知识点】因为抱抱桶的圆形外观，一般会做成整齐的圆球形或者多层次的圆球形。

步骤一：准备粉色系、黄色系花材，如糖果玫瑰、香槟玫瑰、洋桔梗、洋牡丹、小雏菊，还有尤加利叶、蕾丝花、雪柳等。

步骤二：将花泥按照桶的大小切好，吸水备用。桶底垫防水纸，将花泥放入。根据桶的高度放入多层花泥，直到桶口位置。

步骤三：根据下图的标示，先定出球形的 1、2、3、4、5 点，之后根据定出的 6、7、8、9、10、11、12、13 点逐渐搭建球形轮廓，再用一些小型花朵及叶材进行填充。

步骤四：花材之间注意营造多个层次（相邻两朵花不在同一高度），尽量呈现自然感，最后用雪柳枝拉长线条。

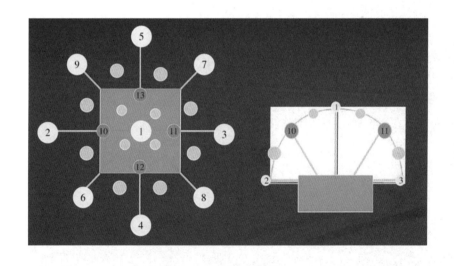

扫一扫，看相关
讲解视频

花篮的制作技巧

花篮也是常见的一种花艺形式，通常以圆形和椭圆形居多。

【知识点】打造花篮的初始轮廓至关重要，这也是制作花篮的重要步骤。

步骤一：准备红色玫瑰、火龙珠、洋桔梗、高山羊齿、蓬莱松。

步骤二：将花泥按照花篮的大小切好，吸水备用。在花篮底部垫防水纸，将花泥放入，减掉防水纸多余的部分。

步骤三：根据下图的标示，先定出椭圆形的 1、2、3、4、5 点，之后根据定出的 6、7、8、9、10、11、12 点逐渐搭建椭圆形轮廓。底部椭圆形状出来以后，依据底部和 1 点之间的弧形，陆续填充花材，再用一些小型花朵及叶材填充空隙。

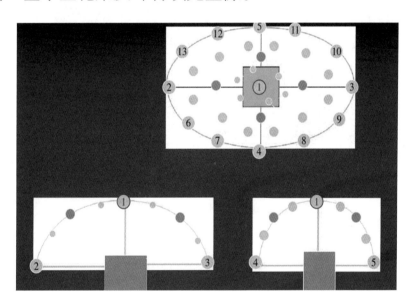

步骤四：花材之间注意营造多个层次（相邻两朵花不在同一高度），尽量呈现出花朵最自然的状态，可在底部铺垫蓬莱松遮盖花泥。

扫一扫，看相关
讲解视频

第八章
创意花艺

创意桌花

在家庭生活中，我们可灵活运用花艺形式，制作创意桌花。比如，过新年时，我们可以制作一款红色系的烛台桌花，来烘托节日的气氛。

烛台桌花

【知识点】组群的插花方式，就是模仿大自然植物群居的状态，将同一品种或同一色系的花材插在一起。

步骤一： 准备花材，如红玫瑰、火龙珠、尤加利叶、尤加利果、蓬莱松、鱼尾叶。

步骤二： 根据花盘的大小，将花泥切割好；再依据烛台的大小，在花泥中间部位挖一个洞，将烛台正好放入。花泥吸上水，放入花盘中。

步骤三： 用剪刀把花泥分成 6 个区，每个区插一种花材。根据组群的定义，将同类花材成组地插在同一区域当中。注意，花材从上到下要呈现出一个圆弧的弧度来。

步骤四： 点上蜡烛，作品完成。

花树

花树其实是一种简单的架构式花艺，即用树枝将花球支撑住，远看像一棵树的形状，十分生动。

【知识点】架构花艺，起源于西方，近年在国内也颇为流行。架构的出现可以说是世界花艺领域的一次全新革命，它克服了插花容器的局限性，拓展了插花材料的应用空间，也激发了花艺师的创作灵感。

步骤一：准备花材，如粉色、黄色、白色小雏菊，尤加利叶，蕾丝花，蓬莱松，郁金香。

步骤二：准备一个深色花盆，根据花盆的大小准备花泥，将花泥放入花盆中。取 3 根树枝，截取长度为花盆高度的 2.5 ~ 3 倍，捆绑结实作为花秆。在花秆距离顶端 4 厘米左右，取一小段树枝绑在花秆上，呈十字交叉形状。

步骤三：将捆绑好的花秆插入花泥正中，再切约花盆中的花泥三分之一大小的一块花泥，切成接近圆球的形状，插入花秆上方十字交叉处。

步骤四：类似于做半球形花艺的定点方法（好比做两个半球形状），将球形的关键点用小雏菊定出来。随后逐渐插入花枝，以丰富造型。

步骤五：插入尤加利叶填补空隙，插入蕾丝花以增强视觉效果。上层花球完成。

步骤六：下层不宜做得太花哨，以免抢了花球的风头。可用蓬莱松遮挡花泥，郁金香插得稍微高一点，来做上下的连接，再用几朵小雏菊点缀。最后为花秆系上丝带即可。

干花花艺

干花的制作

干花有多种制作方法，最常见的是悬挂自然风干法、压花法和微波干燥法。

悬挂自然风干法

将花朵单枝分开悬挂，放置在家中阴凉通风的地方，自然风干。半个月左右（要看各地气候，如果遇到阴雨天，时间要更长一些），花朵会呈现自然风干的状态。

自然风干的花朵呈现出一种岁月雕刻的自然美，有一些花朵还可以保留部分美丽的色彩。

那么，为什么需要倒挂风干呢？这是为了更好地维持花枝的自然形态。如果没有倒挂的话，花枝一旦缺水，花头就会耷拉下来，影响花枝的美感。

倒挂风干方法的优点是：可以得到整枝风干的花枝，可以用来做瓶插花或花束，几乎没有成本。缺点是：风干速度慢，耗时长，占用空间大，产量低。

压花法

将树叶或花头剪下来，夹在书本里，书上压一个重物，大约两周可制成干花。

压花法制成的干花，可以用来制作书签、压花蜡烛、压花项链或礼物外包装的装饰等，文艺范儿十足。

压花法的优点是：占地小、产量高，用几本书就可以压制出大量的树叶或花瓣。缺点是：没法获得有立体感的花朵，并且制作周期长，对书本的破坏比较大（最好用旧书）。如果使用压花器的话，投入成本就增加了。

微波干燥法

将花朵剪下铺在纸巾上，微波中火或高火一分钟后，看看花朵情况，如果还不够干燥，就换一次纸巾，继续微波 30 秒，直到花朵被烤干。

微波后的干燥花头，可以用来制作干花蜡片、干花花环等装饰品。

微波干燥法的优点是：时间短，干燥快，几分钟就可以制作完成，而且可以获得立体的花头。缺点是：有一定的危险性，操作时要在微波炉边上守着，如果烤过了可能会点燃材料，所以一定要慎之又慎。

制作干花作品

香薰蜡片

香薰蜡片，是将融化的蜡倒入模具中，辅以精油增香，再用各类干花做装饰。既可以用作家庭装饰品，也可以用作车挂或挂在衣柜里增香。

制作方法：

步骤一：将大豆蜡倒入小锅中融化，用小棒搅动，使其加速均匀融化。用测温器测量温度，在 60 ~ 80℃之间滴入精油。

步骤二：大豆蜡达到 80℃左右时关火，将融化的蜡水倒入模具中。

步骤三：让蜡水自然降温，当看到蜡水表面有一层膜的时候，将准备好的干花一一摆到蜡片上。

步骤四：静待蜡烛成型，一定要等到完全定型了再脱模，否则容易断裂。

干花花环

借助热熔胶等工具，将干花固定在花环上。

制作方法：

步骤一： 准备干花材料，如鲜花类、苔藓类、果类、干叶子、棉花等，还要准备圆环形状、五角星形状的花环底托。

步骤二： 加热热熔胶，直到熔化滴落。同时，根据花环的形状，构思需要的花材以及布局。

步骤三： 热熔胶开始滴落后，用胶枪将胶打在花环底托上，马上将花朵固定住，等胶冷却，粘住主材料后再松手。

步骤四： 根据前述操作，将其他花材一一固定住。

定价：45.00 元

ISBN 978-7-5488-4304-7

出 版 人 崔 刚
策　　划 孙凤文
责任编辑 贾英敏 刘召燕
装帧设计 张 倩 云门设计·逄晓欢

9 787548 843047 >

定价：45.00 元